AF312731

SIMPLE DISCOURS

SUR

L'EAU-DE-VIE DE CIDRE

Lisieux. — Typog. et lithog. de Mme Lajoye-Tissot.

SIMPLE DISCOURS

SUR

L'EAU-DE-VIE DE CIDRE

UNE LEÇON

PAR LOUIS HALPHEN

Membre et lauréat de la Société d'Agriculture de Lisieux
ancien Elève de l'École polytechnique, etc.

AU CASTELIER, PRÈS LISIEUX

—

1867

SIMPLE DISCOURS

SUR

L'EAU-DE-VIE DE CIDRE

UNE LEÇON

AVANT-PROPOS

La fabrication de l'eau-de-vie de cidre est une industrie essentiellement agricole. L'eau-de-vie est la seule forme sous laquelle vous pouvez garder avantageusement pendant des années la récolte de vos vergers. La richesse en sucre des fruits du pays d'Auge rend vos cidres très-alcooliques. Dans toute la Normandie, il n'en est pas qu'on puisse *brûler* avec plus de profit, et pour en obtenir une liqueur meilleure, lorsqu'elle est fabriquée avec soin.

Mais il faut bien le dire, les procédés de distillation en usage dans le pays ne permettent généralement pas de recueillir de vos excellents cidres, des eaux-de-vie comparables pour la finesse, le moëlleux et le parfum aux eaux-de-vie des Charentes, ni même à celles d'Armagnac. Est-il possible cependant de faire rendre à la pomme une eau-de-vie d'un goût aussi délicat qu'est celle du raisin des Charentes ?

Nous l'avons pensé et l'expérience est venue confirmer nos prévisions.

Nous voudrions vous faire comprendre ici de quel intérêt il est pour vous et pour la richesse de notre riante contrée, d'apporter à *l'art du bouilleur,* les modifications commandées par les progrès des industries rivales.

Nous ne sommes point de ceux qui repoussent en tout et partout la tradition, par cela seul qu'elle porte les signes de la vieillesse; et l'amour du nouveau ne nous aveugle pas. Loin de blâmer nos pères, nous prenons soin de ne rien oublier de leurs travaux, avec la pensée que certainement ils ont mieux fait qu'on ne faisait avant eux, sans cependant nous croire dispensés de tenter de nouveaux efforts pour faire mieux encore.

Les *bouilleurs* ont réalisé de grands bénéfices il y a douze ans. Des circonstances exceptionnelles et qui de longtemps ne se reproduiront sans doute pas, ont fait monter l'eau-de-vie de cidre, un moment, au prix incroyable de 10 francs le pot (5 fr. le litre). Cette élévation exagérée du prix de la marchandise a enrichi quelques cultivateurs, mais a certainement frappé l'industrie des alcools de pomme. Plusieurs raisons ont concouru à ce résultat, mais il n'y a pas lieu de nous appesantir sur ce point. Toujours est-il que l'eau-de-vie de cidre ne jouit plus au même degré de la faveur publique.

Cette faveur, il faut la lui rendre par une qualité supérieure et qui comme cela a lieu pour l'eau-de-vie fine de Cognac, ne permette pas la fraude sans que le palais, si peu exercé qu'il soit, ne la signale.

La qualité supérieure aura des résultats encore plus grands pour vous, elle fera rechercher vos eaux-de-vie dans des contrées où elles sont à peine connues de nom.

Le Calvados et la Bretagne ne seront plus vos seuls consommateurs; l'exportation s'en suivra et prendra avec le temps de grandes proportions. L'Angleterre, qui vient acheter tant de produits divers sur nos marchés de Normandie, est un de ces débouchés où vous suit la fortune sitôt qu'on a su plaire. Ne négligez donc rien de ce qui vous paraîtra une amélioration sérieuse dans la fabrication de vos eaux-de-vie. Ne vous lancez pas follement dans les systèmes nouveaux, avant d'être bien persuadés de la bonté de leurs résultats; mais gardez-vous également de toute obstination à demeurer immobiles autour des vieilles chaudières léguées de générations en générations à vos fermes.

DE L'EAU-DE-VIE DE CIDRE

Puisque c'est avec le jus de la pomme qu'on fabrique l'eau-de-vie dans votre pays, il n'est pas sans intérêt que vous sachiez bien exactement ce que c'est qu'une pomme. Le plus grand nombre parmi vous, désignera à la seule inspection du fruit, et ses qualités et le nom qui lui appartient parmi les nombreuses variétés qui se partagent vos vergers. Tel solage vous est bien connu pour la saveur ou la force des cidres qu'il produit, tel autre pour les principes de conservation ou de garde, comme on dit ordinairement, qu'il communique au jus. L'orientation d'un plant, la nature du terrain qui le porte sont aussi pour le cultivateur de précieuses indications. Toutes ces connaissances ont leur prix, et ce prix est d'autant plus grand qu'elles ne sauraient s'acquérir que par l'expérience; la science essayerait vainement de les formuler.

Mais néanmoins, il en est peu parmi vous qui se rendent un compte même approximatif des éléments composant cette belle matière qui est la base de votre boisson de tous les jours.

Les chimistes qui ont analysé les pommes arrivées à maturité, à cet état que vous trouvez le plus profitable à la brassaison, ont reconnu que dans 1 kilogramme de pommes mûres il y a :

830 grammes 20 centigrammes d'eau parfaitement pure;

110 grammes de sucre;

30 grammes de matière sèche, le tissu végétal;

30 grammes de matières diverses solubles dans l'eau pour la plupart.

Cette analyse a été souvent répétée par des maîtres habiles, à des époques différentes, sur des fruits d'un grand nombre de localités, et les chiffres donnés plus haut, s'ils ne sont pas rigoureusement exacts pour un kilogramme de pommes prises au hasard, représentent pourtant des moyennes très-sûres. Quiconque analysera un fruit mûr de son grenier, s'il opère d'après les règles de la chimie, arrivera forcément à des poids très-voisins de ceux indiqués ci-dessus.

Ce qui frappe tout d'abord dans cette analyse, c'est la proportion considérable d'eau par rapport à la matière sèche qui sert de charpente au fruit. Ainsi, dans 100 parties d'une pomme, il n'y a que 3 parties de tissu contre 83 parties d'eau pure, c'est-à-dire que, prenant une pomme pesant 100 grammes, on en retirera 83 grammes d'eau pure et 3 grammes de tissu végétal.

Hâtons-nous d'ajouter que l'eau qu'on extrait de la pomme n'est pas pure, parce que les autres matières renfermées dans les cellules du fruit se sont dissoutes dans cette eau; ainsi, avec les 83 grammes exprimés d'une pomme pesant 100 gr., on exprime aussi 11 grammes de sucre et 2 ou 3 grammes de matières solubles, comme le sucre, de telle sorte qu'en brassant 1,000 kilogrammes de pommes, si la presse avait une puissance sans limites, le marc restant sur le tablier ne devrait peser que 30 kilogrammes, et le jus recueilli, c'est-à-dire le cidre, devrait peser 860 ou 870 kilogrammes. On dit vulgairement qu'il faut 100,000 pommes pour obtenir un tonneau ou 1,000 litres de gros cidre; les pommes pesant l'une dans l'autre 40 grammes, cela revient à dire qu'il faut brasser 4,000 kilogrammes de fruit par tonneau, et ce calcul grossier approche assez bien de la vérité dans votre pays.

Vous pouvez calculer immédiatement la perte que vous éprouvez par vos procédés de brassaison. En effet, 4,000 kilogrammes de pommes doivent donner 83 pour cent environ d'eau pure, soit 3,320 kilogrammes ou 3,320 litres, puisque 1 litre d'eau pèse 1 kilogramme, et le même nombre de litres de cidre, attendu que la dissolution du sucre et des autres matières dans l'eau en augmentent bien le poids, mais non le volume. Vos presses laissent donc dans le marc 2,320 litres de jus et n'en expriment que 1,000 litres par chaque fois que vous leur soumettez 100,000 pommes. Tout compte fait, et en prenant le chiffre de 100,000 pommes comme légèrement exagéré, vous retirez de la pomme le tiers du jus qu'elle renferme réellement. D'où vient que le chimiste réussit à extraire la totalité du jus contenu dans une pomme alors qu'avec vos meules de granit et vos lourdes presses vous ne réalisez qu'un tiers du travail? C'est que le chimiste n'opère pas de la même manière que vous, il prend une pomme, voire même un fragment de pomme; il la pèse; puis, par la chaleur, il en sépare toute l'eau qu'elle renferme; le résidu ne se compose plus que de matières solides; il pèse ce résidu et la différence des deux pesées lui donne exactement le poids de l'eau.

N'obtenant du fruit que le tiers de ce qu'il renferme de jus, si ce jus est destiné à être converti plus tard en eau-de-vie, il est évident que celle-ci est payée trois fois sa valeur théorique.

Comment se rapprocher de la théorie, comment faire rendre à la pomme, sinon la totalité du liquide qu'elle tient emprisonné, au moins la plus grande partie.

En déchirant le fruit plus complètement et en soumettant sa pulpe à une pression plus grande.

Vos pressoirs sont sous ce rapport dou-
blement défectueux. Je ne prétends pas,
en formulant cette accusation, engager un
seul d'entre vous à abandonner dès aujourd'hui cette antique pratique du pays.
Je signale des vices incontestables, et je
le fais sans la moindre hésitation; mais je
me montrerais beaucoup plus timide si
j'avais à indiquer en ce moment les nouveaux appareils qu'il faudrait substituer
aux anciens. On s'est efforcé, sur plusieurs
points de la Normandie de modifier les
machines qui fabriquent le cidre; à beaucoup d'égards, les modifications ont été
heureuses; mais je craindrais d'avancer
que l'ancien système ne conserve pas, pour
la qualité des produits, une certaine supé-
riorité. Malgré le dire d'hommes très-com-
pétents et qui font autorité dans cette contrée, je me refuse à admettre que le contact du fer avec les principes acides de
la pomme ne soit pas un inconvénient très

grave dans les instruments nouveaux. Celà admis, qu'on ne dise pas que, pour les cidres destinés à la distillation, cet inconvénient disparaît; j'accorde qu'il est moins grand, mais j'estime que le bouilleur ne doit jamais se départir de ce principe: *que seul le bon cidre fait une bonne eau-de-vie.*

J'ai à dire maintenant pourquoi le cidre renferme de l'alcool.

L'analyse des pommes mûres a montré que le jus exprimé renfermait pour 83 litres d'eau pure 11 kilogrammes de sucre, soit un peu plus de 13 kilogrammes de sucre par 100 kilogrammes de moût. Ce moût renferme en outre 2 ou 3 kilogrammes de substances solubles dont une partie a une composition analogue à la levure de bière et constitue ce qu'on appelle des ferments naturels. Le sucre de la pomme diffère essentiellement de celui qu'on extrait de la canne et de la betterave, en ce

qu'il ne peut pas cristalliser; il est semblable de tous points au sucre de raisin,
et comme ce dernier, lorsqu'il est dissous
dans l'eau en même temps que les ferments et pourvu que la température du
liquide ne soit ni trop basse ni trop élevée
et que l'action se passe au contact de l'air,
il se transforme en alcool en donnant lieu
à un dégagement de gaz acide carbonique.
Or 13 kilogrammes de sucre donnent par la
fermentation 6 kilog. 64 d'alcool pur et
1 kilogramme d'alcool pur équivaut, à
1 litre 24 centilitres, de sorte qu'en défi-
nitive, un jus qui a bien fermenté doit
contenir, par 1,000 litres, 74 litres 40 centilitres d'alcool pur et 1/9 en sus ou 98 à
99 litres, si l'on réduit l'eau-de-vie à 24o
Cartier. Ainsi théoriquement, un tonneau
de 500 pots qui doit renfermer 130 kilogrammes de sucre avant la fermentation,
devrait donner à la distillation bien près
de 50 pots d'eau-de-vie à 24o.

La pratique est loin de répondre à un chiffre pareil et là encore comme pour le rendement des fruits, la perte est considérable. Ordinairement vous n'obtenez d'un tonneau de gros cidre que 30 à 33 pots; il serait injuste de s'en prendre à votre procédé de distillation et de lui attribuer cette différence. La cause de cette perte est ailleurs; elle est dans l'absence de tous soins apportés à la fermentation. La fermentation est une opération qui, bien que naturelle, doit être surveillée de très près, et qui ne s'accomplit régulièrement qu'à une température convenable, qui reste constante pendant toute sa durée; il est indispensable que rien ne trouble cette action curieuse sous tant de rapports et qui, aux yeux des savants de nos jours, a plus d'un point commun avec la vie animale. Un liquide qui fermente est comme en état d'enfantement; la matière du ferment vit, meurt et renaît sans cesse, jusqu'au moment précis où la totalité du sucre contenu dans le liquide s'est transformée en alcool. Jusque là, il a fallu la présence de l'air et une température modérée, d'environ 15 à 20° centigrades; à partir de l'instant où la fermentation s'arrête, le cidre est fait, l'air ne doit plus être en contact avec lui, et la température peut s'abaisser sans produire désormais de mauvais effets.

Si la fermentation est abandonnée à tous les hasards, si elle n'est pas, pour ainsi dire, entourée de respect, si on la trouble, si on ébranle le liquide en action, si enfin on ne traite pas le jus comme chose en vie, on ne doit pas prétendre à en obtenir une bonne boisson et qui soit très-alcoolique. Un point important, c'est que la masse. de liquide renfermée dans une même tonne fermente en même temps; aussi c'est une pratique détestable que celle qui consiste à entonner un moût au sortir de la presse par-dessus celui qui est déjà entré en activité; mieux vaut, quand les procédés de fabrication du cidre sont lents, ne se servir que de petits fûts, qu'un jour ou deux de travail suffisent à remplir.

Il est d'usage dans le pays de réduire l'eau-de-vie à 24º Cartier fort, soit 66º centésimaux. Or de l'eau-de-vie à 66º centésimaux est un mélange de 66 centilitres d'alcool pur et de 34 centilitres d'eau par chaque litre, c'est-à-dire que 4 pour 100 d'alcool pur équivalent à 5 1/3 environ pour 100 d'eau-de-vie à 24º. Un tonneau de 1,000 litres de cidre dont la richesse en alcool est de 4 pour 100 devra donc donner 53 à 54 litres d'eau-de-vie à 24º. Si la richesse est de 5 pour cent il donnera 66 à 67 litres. Cette richesse de 5 0/0 est ordinairement celle des cidres que vous brûlez dans le pays d'Auge et le rendement de 33 pots par tonneau répond bien à ce qui se passe dans votre pratique de tous les jours.

Dans les années défavorables à la qualité des pommes, comme a été l'année 1860, les cidres les plus forts ne renfermaient pas plus de 4 à 4 1/2 pour 100 d'alcool et par conséquent n'ont pas donné plus de 57 à 60 litres d'eau-de-vie par tonneau de 1,000 litres.

La levure offre le moyen de fabriquer très-promptement les cidres. On peut réaliser en très-grand la fermentation rapide, en ajoutant aux jus qui découleut de la presse des quantités suffisantes de levure et en portant ceux-ci dans des cuves ouvertes à une température constante de 20º à 25º centigrades. 2 ou 3 jours suffiront pour que le cidre soit fait, et, comme il a été dit plus haut, il gagnera en force alcoolique. Reste à savoir si l'eau-de-vie obtenue n'aura pas perdu de ses qualités aromatiques? Cela revient à dire une fois de plus: *Ne distillez que les bons cidres si vous voulez fabriquer de bonnes eaux-de-vie.*

DISTILLATION INTERMITTENTE

J'aborderai sans plus attendre les vices qui se rencontrent dans les procédés de distillation en usage parmi vous. J'espère vous prouver que vous pourriez obtenir de meilleures eaux-de-vie si vous vous décidiez à modifier vos appareils.

Le savant professeur d'agriculture de notre département, M. Morière, dans le résumé de ses conférences agricoles sur le cidre, écrit ce qui suit :

« La fabrication des eaux-de-vie de cidre est encore à l'état sauvage, si on la compare à la distillation des vins, des esprits de fécule et de betteraves.

« Lorsqu'on vient à goûter les eaux-de-vie de cidre préparées par les *bouilleurs,* on ne conçoit pas comment on peut savourer une pareille liqueur. Il peut bien exister quelques tonneaux de vieille eau-de-vie à laquelle le temps a fait perdre le goût âcre, empyreumatique qui caractérise les eaux-de-vie ordinaires, mais c'est une exception, etc. »

C'est là assurément un jugement sévère. Est-il mérité? Les meilleurs juges en cette affaire ne sont pas les intéressés; car l'habitude, on l'a dit, est une seconde nature, et les consommateurs de vos eaux-de-vie la savourent telle que vous la fabriquez depuis longtemps, sans se laisser décourager par l'âcreté ou l'empyreume. L'eau-de-vie de cidre est ce qu'elle est et ils la boivent comme elle est. La boiront-ils avec autant de plaisir quand vous la produirez meilleure? Ce serait offenser leur bon goût que de ne pas répondre affirmativement. D'ailleurs elle sera plus saine ou moins malsaine pour être dans le vrai. Aussi croyons-en M. Morière, qui donne du reste d'excellentes raisons à l'appui de son opinion. Parmi ces raisons, la première de toutes est que les cultivateurs, trouvant plus d'avantage à vendre leurs cidres quand ils sont bons, qu'à les brûler, ne soumettent à la distillation, le plus généralement, que les cidres gâtés et les lies. Or, il est difficile de produire une eau-de-vie de bon goût avec des jus fortement acides comme sont les mauvais cidres; et il est impossible avec les alambics du pays, chauffés à feu nu, d'extraire des lies une liqueur agréable.

Sans entrer, plus qu'il ne convient ici, dans le détail des faits chimiques de la chaudière où l'on distille des cidres acides, qu'il nous suffise de dire que l'eau-de-vie produite dans ces circonstances se trouve mélangée avec certains éthers analogues à l'éther acétique, et qu'une seconde distillation ou rectification, pour employer le terme exact, ne réussit pas à faire disparaître complétement.

Il faut renoncer d'une manière absolue à distiller les lies dans des appareils à feu nu, parce que quelque soin qu'on apporte dans la conduite du feu, les parties solides s'attachent à la chaudière et s'y brûlent en donnant naissance à des huiles empyreumatiques qu'on recueille forcément avec l'eau-de-vie. Ces huiles ont un goût détestable, et on ne sait pas s'en débarrasser. Les lies n'ont pas jusqu'ici d'autre application plus profitable que la distillation. Elles doivent nécessairement la conserver, mais à la condition que la distillation s'opère au bain-marie ou à la vapeur, celle-ci venant barbotter dans la chaudière ou bien circulant à travers un serpentin adapté à l'intérieur de l'alambic. Je montrerai plus loin comment l'opération peut être conduite économiquement.

Dans le pays d'Auge, les cultivateurs qui n'ont pas de *bouillerie*, échangent ordinairement un baril de 50 litres de lies contre une chopine (un demi litre) d'eau-de-vie de l'année. C'est une excellente affaire pour le bouilleur, car d'un baril de lie il retire environ 2 litres d'eau-de-vie à 24°.

Il existe aussi un préjugé qui, avec l'emploi de vos chaudières, contribue à la fabrication des produits de mauvais goût. Que de fois on entend dire : le pépin fait la force du cidre, le pépin fait beaucoup d'eau-de-vie. Si par hasard vous soutenez qu'il n'y a pas un atome d'alcool dans le pépin de la pomme, ce qui est la pure vérité, soyez certains qu'on se rira de votre ignorance, et au besoin on en appellera à la vieille expérience des *bouilleurs passés maîtres*. Donc, dit l'expérience, écrasez le pépin quand vous destinez vos cidres à la distillation, votre rendement en eau-de-vie s'en trouvera bien et votre eau-de-vie sera plus forte.

Tous les préjugés ont ordinairement une raison d'être quelconque, et il faut les combattre, le plus souvent, non pas pour l'inexactitude des faits qu'ils propagent, mais pour la manière dont ils les expliquent. Dans le cas présent, voici en réalité ce qui a lieu. Le pépin ayant été écrasé, l'huile essentielle qu'il renferme s'est dissoute dans le cidre. Cette huile n'a rien de commun avec l'eau-de-vie, si ce n'est que, comme elle, elle produit l'ivresse. Quand on distille à feu nu les cidres dans les chaudières ordinaires, l'ébullition dure plusieurs heures, pendant lesquelles tous les principes gazeux se dégagent et sont recueillis en même temps que l'alcool lui-même ; l'huile des pépins passe donc avec l'eau-de-vie, elle en augmente le volume et l'enrichit de sa puissance enivrante, mais en même temps elle lui communique un mauvais goût. Voilà comment on est arrivé à affirmer que le pépin fait la force du cidre et donne beaucoup d'eau-de-vie. Que conclure de ce qui précède? Qu'il y a profit en quantité à écraser le pépin, et perte en qualité à le faire. Or, nous ne le répéterons jamais assez souvent, c'est la qualité des liqueurs dont il faut se préoccuper avant toutes choses.

J'ai fait voir pourquoi la distillation des cidres gâtés, des jus fortement acides donnait des eaux-de-vie détestables; j'ai engagé les cultivateurs à ne distiller que les bons cidres; mais quelque soin qu'ils apportent à leurs boissons, il y aura toujours des cidres qui tourneront à l'aigre et dont il faudra bon gré mal gré tirer parti si on ne veut pas perdre complétement la marchandise. Ceux qui se trouveront dans ce cas ne donneront jamais une liqueur très-délicate, quelque procédé qu'on emploie pour les brûler, mais il est néanmoins possible de leur faire produire une eau-de-vie potable. Il faut encore, suivant l'expression des chimistes, neutraliser les acides du cidre; une substance très-propre à opérer cette neutralisation, et d'ailleurs facile à se procurer, est la chaux caustique en poudre, délayée dans de l'eau. On verse ce lait de chaux dans la tonne qui renferme le cidre jusqu'à ce qu'il ait perdu toute trace d'acidité, en ayant bien soin d'agiter le liquide violemment pour que le mélange soit aussi intime que possible; cela fait, on peut distiller sans crainte que l'eau-de-vie recueillie ne renferme la plus petite fraction de chaux sous quelque forme que ce soit ou que celle-ci ait en rien altéré la saveur du produit. L'eau-de-vie qui s'échappe de la chaudière à l'état gazeux, avant de se liquéfier dans le serpentin, n'entraîne jamais que des corps gazeux comme elle, et aucune combinaison de la chaux ne saurait prendre cet état.

Il me reste maintenant à vous expliquer pourquoi vos appareils, alors même que vous y brûlez les meilleurs cidres, ne donnent pas une eau-de-vie très-fine.

Dans les chaudières du pays, la distillation se compose de deux opérations distinctes : 1º la production des petites eaux ; 2º la *repasse* ou production de l'eau-de-vie à 24º Cartier, au moyen des petites eaux obtenues précédemment. Cette antique méthode est la plus rationnelle de toutes celles qu'on ait pu imaginer ; elle n'avait pas échappé à ceux qui, dans les temps les plus reculés et alors que la science du chimiste n'était pas encore née, se livraient à la distillation. Elle s'est perpétuée jusqu'à nos jours dans la fabrication des eaux-de-vie de vin les plus renommées ; les résultats qu'elle a donnés à Cognac, entre autres, lui assurent, pour des siècles peut-être, la préférence sur des méthodes nouvelles. Et cependant, si précieuse qu'elle soit pour la distillation des vins des Deux-Charentes, je ne crains pas de la condamner pour la distillation des cidres, si toutefois elle ne subit pas d'importantes modifications. On se demandera pourquoi le jus de la pomme, soumis au même traitement que le jus du raisin, ne donne pas des produits de qualité semblable? La raison est tout entière dans ce fait, que si certaines substances sont communes aux deux fruits, comme le sucre (glucose), par exemple, il en est aussi qui existent dans l'un sans exister dans l'autre. Il suffit de goûter ou même de sentir les deux eaux-de-vie pour s'en convaincre.

Or, il arrive que pour le vin une distillation très-lente et longtemps prolongée enrichit son eau-de-vie des aromes les plus purs, alors que pour le cidre une *longue chauffe* modifie la finesse des aromes au point de les rendre souvent nauséabonds. De plus, le vin est un liquide clair quand il a été convenablement préparé, tandis que le cidre le mieux fabriqué est à peine transparent; ce dernier contient toujours en grande proportion des matières solides qui, lorsqu'on distille à feu nu, se brûlent, comme il a été dit plus haut pour les lies, au fond de la chaudière, en donnant naissance à des empyreumes d'une saveur désagréable.

En résumé, l'expérience prouve que pour que l'eau-de-vie de cidre ait toutes les qualités d'une liqueur fine, l'arôme, le moelleux, la saveur franche sans arrière-goût, il est nécessaire que le cidre ne soit pas soumis à une ébullition prolongée et qu'il soit au contraire dépouillé rapidement de l'alcool qu'il renferme.

C'est ce que vos appareils du pays ne réalisent pas. Dans vos chaudières, une même masse de cidre reste plusieurs heures en ébullition. « Il faut bien que l'eau-de-vie se fasse, m'ont souvent dit *les bouilleurs*, et nous lui en laissons le temps. » Et quelle peine j'avais à leur faire comprendre que l'eau-de-vie est toute faite dans le cidre, qu'elle y est née par la fermentatiou, que *la chauffe* ne fait pas l'eau-de-vie mais la sépare du liquide sur lequel on opère.

Quelles modifications est-il utile d'apporter aux ancien alambics en usage parmi vous? C'est le sujet qui va m'occuper maintenant.

Toute bonne distillation, les hommes du métier sont tous d'accord sur ce point, repose sur une marche très-régulière. Les temps d'arrêt, les retours brusques de l'écoulement de l'eau-de-vie, les variations dans la grosseur du filet sont des signes certains que le produit recueilli manque de qualités. La liqueur doit se former avec la régularité d'un mécanisme d'horloge. La conduite du feu doit occuper tout d'abord la minutieuse attention du distillateur. On acquiert du reste en peu de temps l'habitude de produire dans un foyer une température constamment égale. C'est affaire de tact. Mais ce tact est sujet à plus d'écarts lorsqu'on emploie pour combustible le bois au lieu du charbon de terre qui offre d'ailleurs une économie considérable. Partout où ils pourront se procurer facilement le charbon de terre, nous ne saurions trop encourager les distillateurs à le préférer au bois. Ils seront surpris, si déjà ils n'en ont pas fait l'expérience de l'aisance avec laquelle ils conduiront leur feu. Mais la régularité de marche de la distillation ne dépend pas seulement de la température de la chaudière, elle dépend aussi de la température des produits qui circulent à travers le serpentin, aux différents tours de celui-ci. Tandis que les tours du haut doivent être chauds, ceux du bas doivent rester constamment froids; l'eau-de-vie au moment où on la recueille doit arriver au plus haut à 15° ou 20° du thermomètre centigrade. Cela n'est pas possible avec les appareils du pays. Tel qu'est disposé le *réfrigérant* ou *rafraîchissoir* (et ce rafraîchissoir est ordinairement un tonneau en forme de cône tronqué, ouvert à sa petite base) il ne répond pas aux nécessités d'une distillation régulière. Le bouilleur se contente de verser l'eau froide, broc par broc, dans le rafraîchissoir au commencement de l'opération et de la laisser écouler pour la remplacer par de nouvelle eau froide lorsqu'il s'aperçoit qu'elle a atteint une température trop élevée. La forme conique du tonneau trahit du reste fort bien la correction qu'on a voulu apporter aux défauts du système. On a diminué le volume des couches supérieures du liquide qui s'échauffent le plus et augmenté progressivement les couches inférieures qui mettent plus de temps à s'échauffer. Dans les serpentins bien construits, on a eu soin aussi de diminuer progressivement le diamètre du tuyau, depuis le sommet qui tient au col de cygne du chapiteau jusqu'à la sortie. Vous comprendrez facilement pourquoi cette précaution est importante. C'est que la surface extérieure du tuyau qui forme le serpentin, diminuant avec le diamètre, elle échauffe l'eau qui l'entoure de moins en moins de haut en bas pendant le même temps. J'ai vu beaucoup de serpentins qui avaient partout le même diamètre et des *rafraîchissoirs* qui n'avaient pas la forme voulue, c'est-à-dire un fond plus large que leur ouverture; je conseille aux bouilleurs qui continueront de brûler les cidres de la vieille manière, de procéder à ces deux modifications qui se rencontrent déjà chez le plus grand nombre.

Mais le progrès indispensable et d'ailleurs peu coûteux qu'il convient de poursuivre dans la pratique de la distillation, c'est avant tout, l'addition du *chauffe-vin* aux appareils que vous avez entre les mains.

Il faut avoir distillé avec l'aide de cette pièce ingénieuse, en avoir étudié la sensibilité et pour ainsi dire la docilité aux ordres du distillateur, pour bien comprendre tout le parti qu'on en peut tirer. Je me bornerai pour le moment à décrire le chauffe-vin et à vous indiquer l'usage que vous en devez faire ; quand je parlerai de la fabrication en grand avec les appareils continus, je vous entretiendrai du rôle important qu'il y joue. Vous verrez alors que le *chauffe-vin* n'est pas seulement comme le croient la plupart des distillateurs, destiné à réaliser une économie de combustible, mais qu'il régularise la marche de la distillation et par cela même participe grandement à la bonne *qualité* des eaux-de-vie.

Voici ce qui a donné l'idée d'adopter le *chauffe-vin* dans la distillation :

Lorsque l'eau-de-vie s'échappe sous forme d'esprit de la chaudière, elle emporte avec soi une chaleur assez élevée qu'elle perd progressivement, en passant dans le serpentin, au profit de l'eau qui se trouve dans le rafraîchissoir. Ainsi s'échauffe l'eau avec une partie de la chaleur qui existait dans la chaudière et cela sans aucune utilité. Il y a donc, dans ce qui se passe avec vos appareils, une perte sèche qui peut s'estimer en livres de charbon ou en cordes de bois par chaque tonneau de cidre que vous brûlez. En effet, vous dépensez inutilement en combustible tout ce qu'il faut pour porter à 40 ou 60 degrés l'eau du rafraîchissoir plusieurs fois renouvelée, soit au moins mille litres. Imaginez que vous vous serviez de cidre au lieu d'eau pour rafraîchir, les choses vont changer, car votre cidre sera porté à 40° ou 50° au bout d'une première chauffe; et à la fin de celle-ci vous versez le cidre chaud dans la chaudière à la place de la vidange qui en est sortie; il vous faudra moins de combustible pour le mettre en ébulition : de la sorte il n'y aura pour ainsi dire plus de chaleur perdue.

Mais en procédant ainsi, l'eau-de-vie arriverait chaude au bout de peu de temps, et c'est une mauvaise condition, d'autant plus qu'elle ne pourrait pas se dépouiller suffisamment des vapeurs aqueuses et que son degré serait beaucoup trop faible. Au sortir du rafraîchissoir rempli de cidre, si le serpentin se continue dans un second rafraîchissoir rempli d'eau qu'on peut renouveler, ces inconvénients vont disparaître. C'est en effet ainsi qu'on a disposé l'appareil. Entre le rafraîchissoir ordinaire muni de son serpentin et le col de cygne de la chaudière, on a placé un rafraîchissoir avec son serpentin, et c'est ce dernier qu'on remplit du liquide à distiller et qu'on a appelé chauffe-vin. Pour qu'il conserve le plus longtemps possible la chaleur acquise, on le construit en métal, ordinairement en cuivre; on lui donne la forme d'un cylindre terminé à la partie supérieure par une calotte. L'addition du chauffe-vin à l'ancien appareil est un perfectionnement que M. Leroy de Saint-Georges-en-Auge a introduit il y a plusieurs années déjà dans le pays.

Vous avez vu quelle économie de combustible procure le chauffe-vin; il procure également une économie de temps et par conséquent de main-d'œuvre. C'est la conséquence de ce fait de toute évidence qu'il faut moins de temps pour faire bouillir du cidre à 40 ou 50 degrés, que du cidre froid. Avec le chauffe-vin on pourra donc, dans une journée, distiller une plus grande quantité de liquide, et chaque chauffe durant moins longtemps, les produits seront meilleurs.

Les résultats obtenus à Saint-Georges-en-Auge le prouvent surabondamment.

Toutefois le chauffe-vin ne dispense pas de la repasse. Une première distillation avec l'emploi du chauffe-vin, ne donnera toujours que des petites eaux qu'il faudra rectifier comme d'habitude pour obtenir l'eau-de-vie à 24 degrés (1).

Il est nécessaire, si l'on veut obtenir une eau-de-vie fine de ne pas opérer la repasse ou rectification à feu nu et d'employer alors le *bain-marie*.

(1) L'eau-de-vie à 24° est aussi ce qu'on appelle *Esprit de preuve de Londres*.

La disposition d'un bain-marie est facile avec les appareils du pays. Dans la chaudière remplie d'eau aux deux tiers on introduit un vase de métal dont l'ouverture dépasse de quelques centimètres le niveau de l'eau, puis on remplit ce vase qu'on a choisi suffisamment large pour contenir de 80 à 100 litres de petites eaux; on replace le chapiteau et on chauffe très-modérément, de manière à ne pas élever la température à plus de 80 ou 90 degrés centigrades. A cette température les petites eaux se rectifient complétement.

Lorsque la distillation des cidres cesse d'être un accessoire de la ferme pour devenir une industrie agricole proprement dite, l'ancien système, même modifié par l'adoption du chauffe-vin, ne répond plus aux exigences pratiques. Les quantités d'eau-de-vie produites dans une journée d'une part, et de l'autre les frais de combustible et de main-d'œuvre qui correspondent à ces quantités, ne sont pas suffisamment en rapport. Il n'y a de réussite possible dans ce cas qu'en substituant aux anciens appareils intermittents des appareils continus, donnant directement, sans repasse, des eaux-de-vie à 24 degrés et jamais de petites eaux. J'ajoute que tels que sont construits aujourd'hui certains appareils continus, ils produisent, lorsqu'il s'agit des cidres, des eaux-de-vie d'une qualité supérieure qu'on chercherait vainement à obtenir par l'ancien système et cela parce qu'ils sont disposés de façon que le cidre ne séjourne pas plus de 7 à 8 minutes dans la partie de l'appareil où il entre en ébullition, juste assez longtemps pour se dépouiller de son alcool et de ses aromes.

Le choix d'un appareil continu, car il y en a de plusieurs systèmes, demande à être fait avec la plus grande réflexion.

Ils n'ont été imaginés ni les uns ni les autres pour le but spécial que nous nous proposons dans le pays d'Auge.

Nous ne faisons ni des eaux-de-vie à 19, 20 et 21 degrés, comme dans les Charentes, ni des esprits comme à Montpellier. Encore moins des alcools comme en extrayent de la betterave, de la pomme de terre et du topinambour les grandes fermes du Nord et du Centre de la France. Ce que nous produisons, comme étant sinon d'usage domestique, du moins de vente régulière, c'est une eau-de-vie double, la moins forte des eaux-de-vie doubles il est vrai, mais qui marque encore 24 degrés. Du moment qu'on se décide à distiller le cidre dans un appareil continu, il est de toute nécessité que cet appareil donne de premier jet l'eau-de-vie à 24 degrés fort (66 degrés centésimaux). Or, on a quelquefois recommandé aux bouilleurs de ce pays des appareils qui ne donnent de premier jet qu'une eau-de-vie à 19 ou 20 degrés. Alors même qu'ils n'offriraient pas chez nous d'autres inconvénients, ce serait une raison suffisante pour les repousser. Je ne voudrais pas m'arroger ici une autorité, qu'on pourrait ne pas trouver justifiée, en faisant comparaître devant moi les différents appareils de distillation, les jugeant tous, pour accepter les uns et rejeter les autres, aussi je résumerai ce que j'ai à dire sur le choix à faire d'un appareil en cette seule recommandation que vous trouverez sage, je le pense; n'achetez un appareil qu'après l'avoir vu fonctionner de vos propres yeux et *en avoir dégusté les produits.*

Du reste ce ne sera pas trop d'une seconde leçon consacrée, toute entière, à la distillation continue.

Dans cette seconde leçon vous verrez, non sans intérêt, que celui qui imagina

la distillation continue, en l'an 1800,
était un des vôtres, un Normand. Edouard
Adam, c'est le nom de cet inventeur,
mérite certainement d'être connu de tous
dans la province qu'il a illustrée.

<hr>

Lisieux. — Typ. de Mme Lajoye-Tissot.